COURS D'INSTALLATION D'UNE ANTENNE SATELLITAIRE

Comprendre la réception par satellite

Tous les logos et les marques cités sont les propriétés respectives de leurs auteurs.
Visitez notre site : http://www.sandbox-team.be

Table des matières

Introduction 3
Principes généraux, réception analogique 4
   2.1 Les satellites géostationnaires 4
   2.2 Constellations et co-positionnement 5
   2.3 La bande Ku 6
   2.4 La parabole 6
   2.5 Le LNB (tête de réception) 8
      2.5.1 OL et BIS 8
      2.5.2 Polarisation 9
      2.5.3 Le LNB, partie intégrante du récepteur 10
   2.6 Premier bilan ! 12
Spécificités de la réception numérique 13
   3.1 Numérisation et compression 13
   3.2 Multiplexage 13
   3.3 Démultiplexage 14
   3.4 Décompression (décodage) 14
   3.5 Économie et / ou qualité ? 15
   3.6 Second bilan 16
La réception multiple 18
   4.1 Introduction 18
   4.2 Principe en réception hertzienne 18
   4.3 Transposition en réception satellite 19
   4.4 Réception de plusieurs chaînes d'un même bouquet 20
   4.5 Réception simultanée sur plusieurs récepteurs 20
      4.5.1 Les LNB Twin 20
      4.5.2 Les monoblocs 22
      4.5.3 Commutateurs 24
      4.5.4 Tone burst et DiSEqC 26
      4.5.5 Les paraboles multi-satellites 27
5 Choisir les éléments de son installation 29
   5.1 Choisir une parabole 29
   5.2 Choisir un LNB 31
   5.3 Choisir le câble 33
   Conclusion 35

1 Introduction

La mise en oeuvre d'une installation de réception par satellite est une chose relativement simple, à partir du moment ou l'on comprend bien ce que l'on fait. Une telle installation diffère notablement d'un système de réception hertzien (par antenne...) et cela induit donc de nouvelles habitudes à prendre, et de nouveaux concepts à maitriser.

Cette document à pour but de vous expliquer comment la réception satellite fonctionne, de façon assez précise, afin que vous puissiez installer efficacement votre matériel, et en tirer le meilleur.

Dans la plupart des sujets techniques, il existe un langage, un vocabulaire permetant aux personnes d'être précises, de s'exprimer sans ambiguïté. La réception satellite ne fait pas exception, et nous allons donc utiliser un bon nombre de termes techniques. Nous expliquerons ces termes de façon la plus précise possible, mais pour cela nous devrons faire appel à certaines notions provenant par exemple du vocabulaire de l'électronique. Il est important de bien comprendre chacun de ces termes, car sans cela, vous éprouverez des difficulter à bien cerner le sujet.

Tous les logos et les marques cités sont les propriétés respectives de leurs auteurs.

2 Principes généraux, réception analogique

2.1 Les satellites géostationnaires

Autour de notre planète, on trouve de très nombreux satellites artificiels. Parmis ceux-ci, une catégorie est bien particulière, ce sont les satellites dit "géostationnaires". Ce qui fait de ces satellites des éléments remarquables, c'est la position qu'ils occupent dans le ciel : elle est en effet constante, stationnaire par rapport au sol, contrairement par exemple aux satellites en orbite basse, qui se déplacent en permanence au dessus de nos têtes (satellites météorologiques par exemple).

Les satellites géostationnaires sont tous placés à la même altitude, et orbitent autour de la terre à la même vitesse que celle-ci. C'est ce qui fait que, en apparence, ils ne bougent pas. Ils se déplacent bien, mais de telle manière que leur mouvement les maintienne toujours visibles au même endroit dans le ciel.

La position des satellites géostationnaires n'est pas quelconque. Pour qu'un satellite puisse être géostationnaire, il doit être placé sur une (et une seule) orbite dont les caractéristiques, bien particulières, sont seules à garantir le bon mouvement obtenu. Ainsi, les satellites sont tous positionnés au dessus de l'équateur, et à une altitude de 36 000 Km. Cette orbite constitue ce que l'on appele la "Ceinture de Clarke".

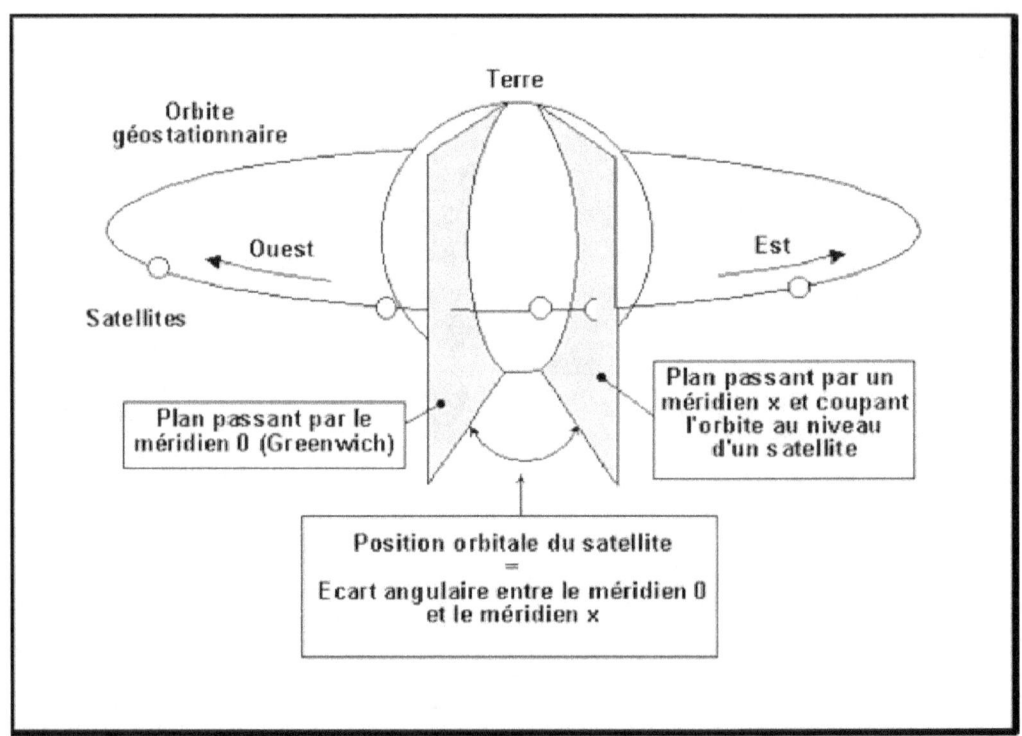

La ceinture de Clarke

Comme on peut le voir sur ce schéma, les satellites appartenant à la ceinture de Clarke sont identifiés en fonction de leur position orbitale, c'est à dire l'angle formé entre le plan ou ils se trouvent et celui passant par le méridien de Greenwich. Astra 1, par exemple, est positionné à 19.2° EST, et Hotbird 1 à 13° EST.

2.2 Constellations et co-positionnement

La ceinture de Clarke étant ce qu'elle est, la place disponible en son ceint n'est pas illimitée. En effet, pour éviter tout risque qu'un satellite ne « gène » le voisin, il est nécessaire de respecter un minimum d'écart entre deux satellites. De ce fait, le nombre de positions orbitales exploitables dans le ciel est limité.

Ce phénomène est bien sur renforcé par le fait que, pour être visible depuis un point donné sur la Terre, il est indispensable d'être *visible* depuis ce même point. Pas question donc de placer un satellite sur n'importe quelle position ! De plus, plus le satellite sera éloigné du point ou l'on souhaite le capter, plus la distance entre ce point et le satellite sera grande et, par conséquent, plus la puissance des signaux devra être importante pour garantir une réception dans de bonnes conditions.

Ces éléments, ajoutés au besoin de permettre une transmission de nombreux signaux sur une même position orbitale, afin d'éviter la multiplication des équipements de réception, ont amené les sociétés qui gèrent les satellites à pratiquer ce qu'on appel le co-positionnement.

Cela consiste à placer plusieurs satellites, de caractéristiques identiques, sur une <u>même position orbitale</u>, ceci afin de bénéficier non plus des capacités d'un seul satellite, mais de constituer *virtuellement* un immense satellite dont les capacités sont égales à la somme de chacun des satellites qui le compose. On appel ce type de construction une *constellation*.

Bien sur, le fait de positionner réellement plusieurs satellites à la même position n'est pas possible. En fait, les satellites sont positionnés de telle façon que, depuis la zone ou l'on souhaite les capter, ils apparaissent comme ne faisant qu'un. Dans la pratique, ils sont légèrement décalés les uns des autres. Leur configuration est mise en oeuvre de telle sorte qu'ils ne se gènent pas mutuellement. Ainsi, ils ne transmettent pas dans les mêmes fréquences, de sorte qu'ils ne se brouillent pas entre eux.

Quand on parle d'un satellite, on nomme souvent en fait une constellation. Ainsi, ASTRA 1 n'est pas un satellite, mais une constellation d'environ 8 satellites co-positionnés, qui sont en fait nommés individuellement ASTRA 1-A à ASTRA 1-H. Il en va de même pour HOTBIRD 1 ou encore ASTRA 2.

Les satellites qui constituent une constellation sont dit de "moyenne puissance" : ils ne sont pas très puissants, mais par contre leur durée de vie est assez longue (entre 10 et 15 ans généralement).

A l'inverse, il existe des satellites très puissants, capables de prendre en charge de grandes quantités de signaux. Il s'agit par exemple des satellites TELECOM (2A..). Ces satellites ne sont généralement pas placés au sein de constellations, mais assurent seuls l'ensemble des services présents sur la position orbitale. Ces satellites sont en voie de disparition, car ils coutent beaucoup plus cher que ceux de moyenne puissance, et ne sont pas plus rentables qu'une constellation, à capacités équivalentes.

2.3 La bande Ku

Les satellites transmettent leurs signaux dans différentes bandes de fréquences, suivant la nature des services qu'ils assurent, tout comme il existe différentes bandes radio (FM, AM) ou différentes bandes de réception hertzienne (UHF, VHF).

La transmission de programmes à destination des particuliers est aujourd'hui exclusivement assurée dans une bande de fréquences allant de 10.70 Ghz à 12.75 Ghz : c'est la bande Ku.

Pour mémoire, la bande C (3.7 à 4.2 Ghz) est également exploitée, mais elle concerne uniquement la transmission de flux professionnels, par exemple entre chaines de télévision.

La bande Ku a été choisie notamment en raison des faibles dimensions nécessaires (en utilisant des satellites de moyenne puissance) pour pouvoir la capter correctement. En effet, pour capter la bande C, il n'est pas rare de devoir utiliser des paraboles dont la taille dépasse les 2 voir 3 mètres. En bande Ku, on peut commencer à recevoir dans de bonnes conditions avec des paraboles allant de 50 à 75 centimètres seulement, ce qui rend ces équipements compatibles avec des installations chez les particuliers.

Compte tenu des fréquences utilisées et des puissances mises en oeuvre, la réception des signaux ne peut se faire que dans des conditions bien particulières, garantissant le bon acheminement de l'information. Elle n'est possible que s'il n'y a <u>aucun obstacle</u> entre le point de réception et le satellite ! De ce fait, il faut choisir avec soin le positionnement des équipements de réception, car le simple feuillage d'un arbre sera un obstacle infranchissable pour les signaux.

Voyons justement quels sont les éléments qui sont mis en oeuvre pour capter la bande Ku, et comment ils fonctionnent...

2.4 La parabole

Pour capter la bande Ku, on utilise une parabole. Voici encore quelques années on trouvait différents types de paraboles (Prime Focus, Cassegrain, Offset, Grégoriennes...) mais aujourd'hui, la seule qui soit encore utilisée par les particuliers est la parabole dite "Offset".

Pourquoi ?

Le rôle de la parabole est de recevoir et de concentrer les signaux en provenance du satellite, et de les renvoyer vers la tête de réception, qui va ensuite les injecter vers l'équipement final (décodeur satellite).

Lorsqu'on pointe une parabole vers un satellite, les signaux les plus forts sont reçus dans l'axe principal de visée, en ligne directe entre le centre de la parabole et le satellite. Si l'on devait placer la tête de réception au centre de la parabole, on se priverai au final de la partie la plus interressante des signaux ! Pour autant, les paraboles fonctionnant sur ce principe (prime foxus = paraboles à foyer primaire) ont été (et sont encore) très largement utilisées, car elles ont d'autres avantages non négligeables, mais il faut alors des équipements de taille importante.

Parabole Prime Focus

En réception chez un particulier, cette contrainte était difficilement acceptable, aussi les paraboles Offset se sont très rapidement imposées !

La parabole Offset tire son nom du fait que, de par sa forme, elle introduit un angle (offset) entre l'axe par lequel on vise le satellite, et l'axe par lequel les signaux sont renvoyés à la tête de réception. Ainsi, cette parabole ne capte pas les signaux dans l'axe qu'elle vise : elle capte en fait 26 degrés <u>au dessus du point visé</u>. Cette caractéristique lui permet de recevoir les meilleurs signaux dans de bonnes conditions.

Par ailleurs, cela permet également de moins incliner la parabole pour viser le ciel, et dans les régions du nord, ou la pluviométrie est significative, le fait d'avoir une coupole inclinée de seulement quelques degrés, plutot que d'une bonne trentaine n'est pas négligeable pour la longévité du matériel ! De même dans les régions montagneuses : la neige ne tient pas sur une parabole offset, alors qu'elle s'accumule facilement sur une parabole prime focus.

Parabole Offset

2.5 Le LNB (tête de réception)

2.5.1 OL et BIS

Les signaux concentrés par la parabole sont renvoyés vers ce que l'on appele communément la "tête de réception". Cette tête doit en fait être considérée comme une partie du récepteur satellite que l'on aurait "sortie" de la boite. Pourquoi ? A quoi sert-elle ?

Comme nous l'avons vu, la bande Ku est située entre 10.7 et 12.75 Ghz. Si la réception de signaux à ces fréquences n'est pas simple, leur transport sur des câbles, dans de bonnes conditions et avec un bon niveau de protection contre les parasites, est impossible à réaliser dans des conditions économiques compatibles avec un matériel grand public.

La solution trouvée à ce problème a consité à déporter une partie du récepteur pour l'ammener au plus près de l'antenne, et même directement *sur* l'antenne. Cette partie du récepteur, c'est le LNB.

LNB Invacom

Le (ou la ?) LNB est en fait une sorte de mini récepteur basique, dont le rôle est de capter la bande Ku et de transposer le contenu de cette bande dans une autre bande de fréquences qui, elle, sera véhiculable sur un câble. Au passage, on effectue bien sur une amplification du signal, histoire de le renforcer et de le protéger des parasites.

Le signal que l'on obtient en sortie du LNB est ce qu'on appeles la BIS, ou Bande Intermédiaire Satellite.

Comment ça marche ?

Pour faire son travail, le LNB va soustraire de la fréquence initialement reçue une autre fréquence, fixe celle-là, ammenant ainsi le signal dans la bande BIS, qui se situe entre 950 et 2150 Mhz. On passe donc d'une fréquence supérieure à 10 Ghz à une fréquence inférieure à 2 Ghz, ce qui est beaucoup plus simple a transporter sur un câble.

Quelle est la valeur de la fréquence soustraite ? Et bien cela dépend !

La valeur soustraite est celle dite de "Fréquence de l'Oscillateur Local" ou Fréquence OL.

Si l'on regarde la largeure de la bande Ku, on s'apperçoit qu'elle fait : 12.75 – 10.70 = 2.05 Ghz. Or la bande BIS ne fait que 2.150 – 0.950 = 1.2 Ghz au mieux ! Il n'est donc pas possible de faire passer toute la bande Ku dans la bande BIS !

Pour cette raison, un LNB comporte en fait DEUX osciallateurs, callés à différentes fréquences. La sélection d'un de ces deux oscillateurs permet d'ammener dans la bande BIS une partie bien déterminée de la bande Ku. Ces deux oscillateurs prennent en charge ce que l'on appele de ce fait la bande Basse et la bande Haute, en référence à la partie de la bande Ku que l'on va traiter.

Ainsi, si un LNB utilise un OL à 9.75 Ghz et un autre à 10.6 Ghz (LNB universel classique), l'utilisation du premier oscillateur permettra de capter les fréquence s'étendant de 10.70 (9.75 + 0.95) à 11.80 (9.75 + 2.050) voir 11.90 (9.75 + 2.150) si le récepteur gère les fréquences jusqu'à 2150 Mhz (c'est le cas pour la plupart des récepteurs de nos jours, mais ça n'a pas toujours été le cas).

La bande basse s'étend donc de 10.70 Ghz à 11.90 Ghz.

De la même manière, on calcul facilement les limites de la bande haute : de 11.55 (10.60 + 0.950) à un maximum de 12.75 (10.60 + 2.150).

La bande haute s'étend donc de 11.55 Ghz à 12.75 Ghz.

Vous aurez bien sur remarqué que certaines fréquences se trouvent dans les deux bandes, car il y a un recouvrement. Cela permet de garantir la continuïté de réception, en évitant de créer un trou à la jonction des deux bandes : l'électronique a ses limites de perfection.

2.5.2 Polarisation

Afin de maximiser l'usage des satellites (ça coûte cher un satellite !) on a eu l'idée de les faire transmettre leurs signaux suivant deux orientations différentes.

En effet, à de telles hautes fréquences, la géométrie de l'antenne qui émet le signal a un impact fondamental sur la nature des ondes et sur leur mode de propagation. En utilisant ce phénomène, il devient possible de transmettre deux signaux différents, en utilisant la même fréquence mais en émettant ces deux signaux sur deux antennes dont la géométrie est significativement différente.

Ainsi, on émet le premier signal en utilisant une antenne dont l'axe est parallèle avec l'horizontale, et le second signal avec une antenne dont l'axe est perpendiculaire à l'horizontale. Dans ces conditions, les deux signaux ne se perturbent pas, et il est possible de capter l'un ou l'autre des deux signaux lors de la réception.

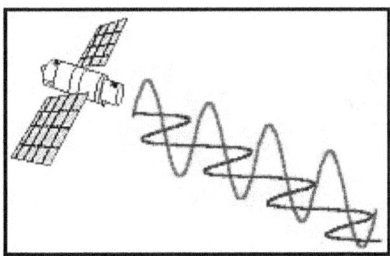

Principe d'émission suivant deux polarisations

Pour cela, il suffit d'utiliser une antenne (de réception) dont l'orientation correspond exactement à celle qui émet le signal que l'on recherche. En effet, toujours compte tenu de la nature même des signaux transmis, une antenne placée dans une disposition différente de l'antenne d'émission ne recevra qu'un très faible niveau de signal, alors qu'une antenne placée dans la même direction recevra ce même signal beaucoup plus fort.

Ce principe est mis en oeuvre dans la transmission par satellite, et porte le nom de polarisation.

Une fréquence donnée est émise dans une polarisation donnée. Celle-ci peut être horizontale (parallèle à l'horizontale, par rapport au point sur terre se trouvant juste au dessous du satellite) ou verticale (perpendiculaire à la précédente).

Pour recevoir cette fréquence il faut, en plus du fait d'être dans la bonne bande (basse ou haute), être dans le bonne polarisation, sans quoi le signal reçu est si faible que le récepteur ne le capte pas !

Bon, c'est bien jolie tout cela, mais mon LNB ce n'est pas une antenne, et ma parabole non plus ! Et puis il n'y a qu'un seul équipement chez moi ? Alors ?

La réponse est en fait *dans* le LNB !

Le LNB contient dans sa partie circulaire deux antennes, positionnées perpendiculairement. L'une est horizontale, l'autre est verticale. A un instant donné, seule une des deux antennes est utilisée, et seuls les signaux correspondants sont transmis à l'électronique des oscillateurs locaux. Il y a donc bien deux antennes dans votre installation !

2.5.3 Le LNB, partie intégrante du récepteur

Nous venons de voir qu'en fait notre récepteur satellite ne reçoit pas la bande Ku, mais la BIS. La bande Ku, c'est le LNB qui la reçoit, et nous devons lui indiquer quelle partie de la bande nous voulons capter en sélectionnant un oscillateur local, mais aussi une polarité.

Nous savons donc que nous ne pouvons pas capter en permanence l'intégralité de la bande Ku. Il n'est donc pas non plus possible de capter simultanément <u>plusieurs chaînes totalement différentes</u> puisque, à un instant T, seule une partie de la bande Ku est disponible à l'entrée du récepteur satellite ! Seules les chaînes qui sont émises <u>dans la même bande ET dans la même polarisation</u> peuvent être captées au même moment, en utilisant un même câble !

L'existence de la BIS est un des facteurs qui explique les limitations de la réception simultanée de plusieurs chaînes. En combinant bande et polarisation, nous obtenons 4 combinaisons :

Bande basse, polarisation horizontale
Bande basse, polarisation verticale
Bande haute, polarisation horizontale
Bande haute, polarisation verticale

<u>A tout instant, une et une seule de ces quatre combinaisons est présente sur la câble qui relie le LNB au récepteur satellite !</u>

De ce phénomène découle une conséquence :

> Le LNB fait partie intégrante du récepteur satellite : il travail de concert avec ce dernier pour recevoir la bonne fréquence. Il n'est donc pas possible de partager le LNB entre plusieurs récepteurs satellites, afin de pouvoir capter simultanément plusieurs chaînes. Chaque récepteur doit disposer de son propre LNB, et de ce fait, de son propre câble de liaison LNB à récepteur.

Cela est renforcé par le fait que, pour savoir quelle combinaison il doit capter, le LNB va recevoir des signaux en provenance du récepteur, au travers du câble, mais aussi de l'énergie afin d'assurer son fonctionnement. Ces signaux sont généralement les suivants :

- Une tension de 13 ou 18 volts, permettant respectivement d'activer la réception en polarisation horizontale ou verticale,

- Une modulation de fréquence à 22 Khz qui, lorsqu'elle est présente, indique au LNB d'activer la bande haute, son absence impliquant la réception de la bande basse.

Il est clair que si plusieurs récepteurs sont placés sur le même câble, chacun va tenter d'envoyer ses propres signaux de commande au LNB, provoquant de ce fait au mieux un dysfonctionnement, au pire une détérioration d'un ou plusieurs équipements.

Enfin, il faut signaler qu'il reste possible de partager un même LNB, mais dans des conditions de restrictions telles que cela semble souvent sans intérêt. En effet, la plupart des récepteurs satellites proposent une prise de sortie qui présente le contenu de la BIS actuellement reçue à un éventuel autre récepteur. Cette sortie est normalement isolée du câble, et garantie qu'aucun signal de commande ne passera vers le LNB. En utilisant cette sortie, il est possible de chaîner deux récepteurs, afin que ces derniers captent chacun la même combinaison bande / fréquence, celle qui est pilotée par le premier récepteur. Si les chaînes à recevoir simultanément sont situées dans le même combinaison, cela permet de les recevoir indépendamment l'une de l'autre.

2.6 Premier bilan !

Ou en sommes nous de notre compréhension du monde du satellite ?

Nous savons que :

- Nous captons des satellites géostationnaires qui émettent dans la bande Ku,

- Ces émissions sont faites suivant deux polarisations, verticale et horizontale,

- C'est le LNB qui capte ces émissions et qui, en fonction des signaux de commande qu'il reçoit (13/18 Volt, 22 Khz), véhicule une partie de la bande Ku vers le récepteur, via le câble,

- A ce titre, le LNB fait partie intégrante du récepteur, et ne peut être partagé entre deux récepteurs,

Ces considérations sont applicables de façon permanente, que l'on cherche à capter des émissions en analogique ou en numérique. Le récepteur, ou tuner satellite, va se devoir piloter le LNB afin d'obtenir la bande et la polarisation recherchée, puis il se syntonise sur une fréquence située entre 950 et 2150 Mhz et, si tout va bien, trouve le canal recherché.

En analogique, le processus s'arrête là : pour un canal (une fréquence) captée, on obtient une chaîne et une seule. En numérique, c'est un petit peu plus compliqué...

3 Spécificités de la réception numérique

3.1 Numérisation et compression

La transmission d'émissions en numérique s'appuie avant tout sur le fonctionnement analogique des satellites. Ainsi, tout ce qui s'applique à l'analogique s'applique aussi au numérique. Ce qui change, c'est la manière dont l'information est transportée dans une fréquence émise par le satellite.

En émission analogique, la fréquence captée comporte directement le signal (image et son) sous la forme de sous fréquences porteuses, mixées dans la fréquence principale : les signaux sont mélangés et additionnés, ensemble pour ne former qu'un tout. A la réception, on découpe le signal reçu pour en extraire les différentes composantes, et reproduire l'image et le son sur le téléviseur.

La transmission est totalement continue : à tout instant, le signal transmis par le satellite représente une partie de l'image ET du son du programme audio visuel.

En transmission numérique, on ne véhicule pas l'image et le son, mais un flux informatique composé d'une suite de nombres. Ces nombres ont une structure logique, un ordonnancement précis, qui détermine à chaque instant la nature de l'information qui est en cours de transmission.

Pour transmettre un programme audio-visuel, on va donc commencer par le numériser, c'est à dire à transformer le son et l'image en séries de nombres, donc la quantité représente un volume énorme d'informations impossible à transmettre en temps réel via un satellite.

Ensuite, en utilisant des techniques de compression, tant pour l'image que pour le son, on va faire tenir ces données dans un volume beaucoup plus restreint compatible avec une transmission satellite.

Les données ainsi obtenues représente une quantité d'informations généralement inférieur à 8 millions de données par seconde, alors qu'elles représentaient plusieurs centaines de millions de données par seconde avant compression. On va maintenant pouvoir les transmettre...

3.2 Multiplexage

Un transpondeur satellite est habituellement capable de transmettre environ 40 millions d'informations par seconde, soit 40 mégabits / seconde, ou Mbits/s. Nos programmes de télévision ont été compressés, et ne dépassent pas les 8 Mbits/s. Il y a donc de la place pour faire tenir au moins 5 chaînes sur un même transpondeur.

Dans la pratique, on va trouver plus de cinq chaînes sur chaque transpondeur. En effet, la quantité d'informations nécessaires à chaque chaîne à chaque instant n'est pas constante. Elle dépend de la complexité de l'image et du son. Dans de très nombreux cas, elle est très inférieure aux 8 Mbits/s disponibles.

Notre opérateur satellite va donc jouer à l'apprenti sorcier, et va tenter de transmettre sur un même transpondeur un nombre supérieur de chaînes, en espérant que, à tout moment, l'espace laissé libre par certaines chaînes sera suffisant pour permettre la transmission des autres chaînes, celles qui ont besoin de beaucoup de place : c'est ce que l'on appel le multiplexage statistique !

Le transpondeur sera donc chargé en permanence au maximum de ses capacités et, parfois, il y aura quelques embouteillages. Cela se traduit souvent par une qualité d'image insuffisante, notamment visible par des gels d'image ou des mosaïques.

3.3 Démultiplexage

Nous avons donc un flux numérique, comportant les données de plusieurs chaînes, qui est transmis sur une même fréquence du satellite.

A l'arrivée, notre récepteur reçoit toujours une et une seule fréquence (il ne dispose que d'un seul tuner...).

Auparavant, en analogique, il n'y avait qu'une chaîne par fréquence donc le travail du récepteur était simple : récupérer les données, et les envoyer au diffuseur (la télévision) pour affichage. Maintenant, ce n'est plus si simple : sur la fréquence captée, il y plusieurs chaînes, mais l'usager lui, veut en voir une seule ! Comment faire ?

La solution s'appelle (assez logiquement) le démultiplexage.

Cette opération consiste à reconstituer chacun des différents flux constituant une (et une seule) chaîne de télévision, comme si elle n'avait jamais été mélangée aux autres. Pour cela, le démultiplexeur utilise des étiquettes que le multiplexeur, lors de l'émission, à inséré dans les données, à son intention. En sortie du démultiplexeur, on a donc en permanence toutes les chaînes reçues sur la fréquence actuellement captée, et plus seulement une chaîne.

Ah bon ? Alors on peut en regarder plusieurs en même temps ?

Pas tout à fait. On peut effectivement utiliser, si le démultiplexeur le permet, chacun de ces flux. Dans un récepteur comme la Dreambox, le démultiplexeur autorise l'utilisation simultanée de deux flux (il sait en gérer 4 techniquement). L'un de ses flux est destiné uniquement à l'enregistrement, et ne peut être regardé immédiatement. L'autre, qui peut être immédiatement regardé, est destiné au décodeur...

3.4 Décompression (décodage)

L'étape finale, permettant de retrouver l'image et le son transmis, s'appelle la décompression, mais elle est souvent nommée décodage, et le composant qui la prend en charge est un ... décodeur.

En sortie du démultiplexeur, nous avons les données (numériques) correspondant à une chaîne, soit, mais ces données sont compressées. Elle ne correspondent pas encore à l'image et au son.

Le travail du décodeur va consister à analyser ces données, et à reconstruire à l'image et le son qu'elles représentent, puis à les transmettre au diffuseur (la télévision). Un décodeur ne traite, à un instant donné, qu'un seul flux numérique. Il ne peut donc produire l'affichage que d'une seule chaine.

Ainsi, malgré le fait que nous recevions plusieurs chaînes en sortie du démultiplexeur, nous ne pouvons en regarder qu'une seule avec une Dreambox, car elle n'inclue qu'un seul décodeur.

Un récepteur qui en inclurai deux (DG500 par exemple) pourrait ainsi alimenter deux diffuseurs, par exemple deux téléviseurs situés dans des pièces différentes.

Pour autant, les chaînes regardables de manière simultanées devraient impérativement se trouver dans le même multiplexe (sur le même transpondeur), ce qui fait que même avec un tel appareil, cela ne présente que peu d'intérêt. Il faut encore autre chose pour réellement pouvoir recevoir plusieurs programmes au même moment (la DG500 inclus bien plus qu'un simple deuxième décodeur...)

3.5 Économie et / ou qualité ?

La technique de transmission numérique est beaucoup plus économique que la transmission analogique, puisqu'elle permet d'utiliser un même satellite pour transmettre plus de chaînes que sa capacité initiale : il n'est pas rare de trouver huit chaînes sur un même transpondeur.

En dehors de l'aspect économique, la transmission numérique a d'autres avantages. En effet, les données sont émises sur les fréquences sous la forme de 0 et de 1 qui se suivent à très haute vitesse. Le nombre d'informations différentes transmises est donc faible : il n'y en a que deux. A la réception, il devient assez simple de faire la différence entre les zéros et les uns, alors qu'en transmission analogique, comme on peut véhiculer (par nature) un nombre infini de valeurs, l'identification de la valeur réellement transmise est beaucoup plus délicate.

Pour comprendre cela, il faut bien avoir en tête que, quoiqu'il arrive, le signal que vous captez est toujours un peu déformé par rapport au signal original. Encore une fois, il n'y a pas de magie, et l'électronique a ses limites. Chaque élément qui intervient entre le point d'émission (l'antenne d'émission au sol) et le point de réception (votre tuner) introduit des perturbations. Ces perturbations sont ce que l'on appel le bruit.

En numérique, comme l'on a que deux types de signaux à identifier, on arrive assez facilement à distinguer les zéros et les uns du bruit, même quand le signal a reçu de relativement fortes perturbations.

A l'inverse, en analogique, on est incapable de savoir si le signal que l'on reçoit est bien l'original, ou s'il a été modifié fortement, donc s'il y a du bruit, il produira des modifications de l'image (et du sons) que vous verrez.

La transmission numérique est donc capable d'assurer un transport fiable, et de qualité constante, jusqu'au récepteur, même dans des conditions de transmission relativement mauvaises, comme par exemple une météo très couverte, ou un pointage de parabole incertain.

En contrepartie, en transmission numérique, on utilise des signaux audio et vidéo qui ont été compressés. Cette compression suppose une détérioration légère de l'image et du sons : on ne sait pas actuellement compresser efficacement une image ou un son en lui gardant sa qualité d'origine.

On pourrait donc en déduire qu'en transmission numérique, l'image et le son sont de moindre qualité ?

Dans l'absolue, c'est vrai : les signaux véhiculés sont théoriquement moins bons. Pourquoi seulement théoriquement ?

Parce que dans la pratique, les détériorations que va subir un signal analogique, même dans de bonnes conditions de transmission, sont généralement supérieures à celles que l'on introduit lors de la compression numérique. De plus, ces détériorations ne sont pas maîtrisables, car elle sont liées notamment à des éléments tels que la météo, la nature des équipements de réception, etc. A l'inverse, les détériorations introduites lors de la compression sont parfaitement maîtrisées, et réalisées sous le contrôle de l'opérateur, avant l'émission vers le satellite.

Au final, sauf dans quelques cas extrêmes d'installations analogiques valant très cher, la transmission numérique présente généralement un meilleure rendu qualitatif que la transmission analogique. Il ne faut cependant pas perdre de vue que cette qualité est contrôlée uniquement par votre fournisseur, et que s'il décide de réduire cette qualité, par exemple pour permettre de transmettre encore plus de chaînes, vous ne pouvez rien y faire. Il faut donc se méfier des discours sur la « qualité numérique », et bien comprendre que cela n'est pas une fin en sois, mais un moyen d'apporter un niveau constant de qualité, à chacun, et pas une qualité supérieure dans tous les cas !

3.6 Second bilan

Ou en sommes nous de notre compréhension du monde du satellite ?

Nous savons que la transmission numérique :

- Repose sur les mêmes bases que l'analogique,

- Par sa nature, est globalement plus fiable, plus constante que la transmission analogique,

- Permet de réduire les coûts pour les opérateurs, avec le risque que la qualité soit sacrifiée au prix,

- Sans autre ajout, ne permet rien de plus que la transmission analogique (en terme de réception simultanée).

Il faut tout de même nuancé ce dernier point, puisqu'il est beaucoup plus facile en numérique de véhiculer des informations complexes, comme des bandes son multi-canaux (Dolby Digital 5.1 par exemple). On trouve aussi assez souvent maintenant des diffusions simultanées en plusieurs langues, chose beaucoup plus difficile à réaliser (et surtout extrêmement cher) en analogique.

4 La réception multiple

4.1 Introduction

Une des questions qui revient le plus souvent, pour une personne qui envisag de s'équiper en réception satellite, est la suivante :

« Est-ce que je peux enregistrer une chaîne et en regarder une autre en même temps ? »

Nous avons vu dans les deux chapitres précédents que la réponse à cette question est loin d'être évidente. Pourtant, l'enregistrement d'un programme est devenu quelque chose de naturel pour les télévores que nous sommes, et cela est possible aussi en réception par satellite, mais il faut bien comprendre que cela a un prix. Commençons par regarder comment cela fonctionne en réception hertzienne...

4.2 Principe en réception hertzienne

En réception hertzienne, on utilise une antenne qui est (en dehors de tout ampli éventuel), totalement passive. Cela signifie qu'elle n'intervient pas dans le processus de choix de la chaîne regardée. Son rôle, fondamental, est de capter l'ensemble de la bande de fréquences et de la présenter à l'entrée des équipements qui lui sont connectés via le câble.

De ce fait, on peut très bien brancher plusieurs équipements sur un même câble antenne, et c'est finalement ce que l'on réalise lorsque l'on branche un magnétoscope : sur la même antenne, on connecte à la fois le téléviseur et le magnétoscope. On peut même répéter cette configuration autant de fois qu'on le désire sur ce câble, par exemple en installation collective : tous les habitants d'un immeuble sont finalement branchés sur le même câble, qui les relie à une même antenne.

Ce qu'il faut bien comprendre, c'est que chaque équipement que l'on branche au câble est autonome : il contient un tuner !

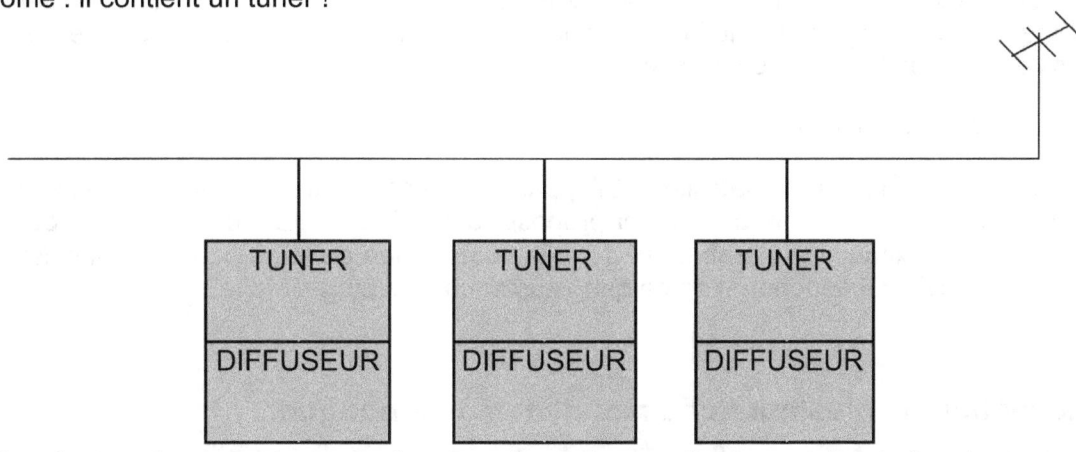

En effet, c'est ce dernier qui permet de recevoir sur l'appareil telle ou telle chaîne. Le tuner se fixe sur la fréquence désirée, et en extrait l'image et le son, qu'il transmet ensuite au diffuseur. Dans le cas d'un téléviseur, le diffuseur c'est l'écran; dans le cas d'un magnétoscope, la diffusion se fait vers une bande, qui pourra être relue par la suite.

Chaque appareil est donc constitué en fait de deux sous-appareils, et c'est l'ensemble des deux qui constitue un tout autonome, capable de recevoir et de traiter une chaîne donnée.

4.3 Transposition en réception satellite

Dans le monde du satellite, tout au moins en analogique, nous devons reproduire ce fonctionnement. Pour cela, nous devons substituer aux différents tuners présents dans notre installation, qui ne traitent que des signaux hertziens, des tuners capables de traiter les signaux en provenance du satellite.

De ce fait, nous n'utilisons plus la partie tuner intégrée dans chacun des appareils, ce qui fait que ces mêmes appareils ne sont plus autonomes ! Pour fonctionner, ils ont besoin d'un tuner, et pour fonctionner indépendamment les uns des autres, chacun a besoin de son propre tuner !

Bon, finalement, ce n'est pas compliqué, alors ou est le problème ?

Et bien la difficulté à mettre en oeuvre de principe provient de plusieurs phénomènes :

- Tout d'abord, les tuners satellite sont assez chers, et en acheter un par téléviseur plus un par magnétoscope se révèle assez coûteux.

- Ensuite, nous avons vu que le LNB et le câble de liaison font partie de l'équipement de réception : ce sont des morceaux du tuner. Si l'on multiplie les tuners, l'on doit également multiplier les câbles et les LNB, ce qui nécessite souvent des travaux compliqués dans une installation existante.

- Plus encore, comme une parabole ne peut avoir qu'un seul LNB visant un satellite donné, nous devons maintenant multiplier le nombre de paraboles !

- Enfin, dans le cadre des offres payantes, intégrant des systèmes de cryptage, la possibilité de disposer d'un décrypteur pour chaque tuner n'est pas toujours proposée et, quand elle l'est, se traduit par un sur coût d'abonnement, lié au fait que l'opérateur considère cela comme un service supplémentaire, qu'il fait payer (à juste titre ou pas, on peut en discuter, mais ce n'est pas l'objet de ce document...).

Alors il n'y a pas de solution ?

Avec la croissance des offres satellites et l'apparition de compétiteurs, les opérateurs satellite, ignorant au début le problème, ont fini par proposer des offres prenant en compte ce besoin, et par intégrer un maximum de paramètres dans la composition de leurs bouquets. Il existe donc des solutions, mais qui dépendent de ce que vous souhaitez pouvoir faire.

4.4 Réception de plusieurs chaînes d'un même bouquet

C'est aujourd'hui le cas le plus simple. Pour satisfaire la demande des consommateurs, les opérateurs vous proposent aujourd'hui des solutions permettant de recevoir, sur un maximum de deux équipements (deux téléviseurs, ou un téléviseur et un magnétoscope par exemple), deux chaînes de leur bouquet, simultanément, et généralement sans difficulté au niveau de l'équipement.

Comment cela marche-t-il ?

Dans un premier temps, vous devez souscrire à l'option correspondante, ce qui inclus la location d'un second récepteur (le tuner) et l'obtention d'une seconde carte d'abonné, liée à la première (c'est le même abonnement).

Ensuite, vous devez raccorder ce second décodeur à votre installation. Cherchant à rendre cette opération la plus rapide et facile possible, les opérateurs se sont efforcé de placer toutes les chaînes constituant leur bouquet sur la même bande (basse ou haute) et dans la même polarisation.

Ainsi, ils éliminent le problème de la BIS, en faisant en sorte que toutes leurs chaînes soient disponibles sur la même combinaison, rendant de ce fait possible l'utilisation d'un seul et unique câble et LNB.

Dans ce type d'installation, l'un des deux récepteurs pilote le LNB. Le second se contente de recevoir la BIS et d'y trouver la fréquence désirée. Le récepteur PILOTIME de Canal Satellite repose sur ce principe, mais l'opérateur précise tout de même que, pour certaines chaines étrangères en accès libre (FTA), il est nécessaire d'avoir une tête TWIN...

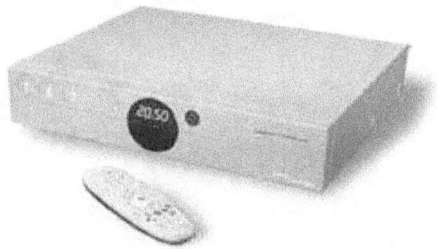

Le récepteur PILOTIME de Canal Satellite

4.5 Réception simultanée sur plusieurs récepteurs

Dans le cas le plus général, nous avons vu que chaque équipement que nous désirons remplacer doit posséder son propre tuner. Il nous faut donc connecter ces différents tuners sur le système de réception, et comme le LNB doit être considéré comme faisant partie intégrante du tuner, il nous faut plusieurs LNBs.

Cette situation pose de nombreux problèmes de multiplication des équipements, aussi les industriels proposent-ils aujourd'hui d'autres solutions, permettant d'éviter (en partie) cette multiplication.

4.5.1 Les LNB Twin

Quand on y réfléchi, le LNB reçoit à tout instant l'ensemble de la bande Ku, dans toutes les polarisations. Le fait que le récepteur ne reçoive qu'une partie de cette bande Ku est lié à l'existence de la BIS. On conçoit qu'il est donc possible, moyennant un peu d'électronique supplémentaire, d'intégrer plusieurs LNBs dans un seul appareil : c'est le principe des LNBs twin.

Un LNB twin est en fait le regroupement de deux LNB au sein d'un seul et même boîtier. Par analogie, un LNB quatwin est le regroupement au sein d'un même boîtier d'un ensemble de 4 LNBs.

Chaque des LNB est entièrement autonome. Ils possèdent tous une sortie sur câble coaxial, et doivent être reliés à un récepteur, qui les pilote. La seule partie réellement commune à l'ensemble, en dehors du boîtier, ce sont les antennes.

Ce type de LNB permet donc, avec un seul équipement, de capter le même satellite sur deux (ou quate pour un quatwin) tuners différents, sans avoir à installer plusieurs paraboles. L'économie induite est importante, ainsi que le gain en terme d'encombrement !

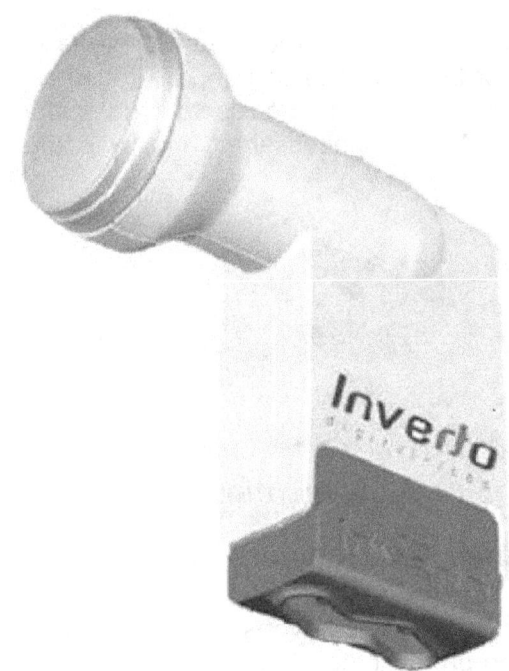

LNB TWIN Inverto

4.5.2 Les monoblocs

En Europe, la majorité des programmes diffusés le sont sur deux, voir trois satellites : Astra 1, Hotbird 1 et, plus récemment, Astra 2.

Astra 1 et Hotbird 1 sont très proches l'un de l'autre : il n'y a que 6 degrés d'écart entre leur deux positions orbitales. Cette situation est similaire à ce que l'on avait auparavant, en réception analogique, avec les satellites Télécom 2A et 2B, qui étaient positionnés à seulement 3 degrés d'écart.

Avec de tels écarts, très faibles, on s'est aperçu qu'il était envisageable de capter simultanément les deux satellites, en n'utilisant qu'une seule parabole. Pour cela, on pointe l'un des deux satellites (le plus faible) que l'on capte normalement. Lorsque cela est fait, on peut recevoir le second satellite en positionnant une seconde tête de réception en dehors de l'axe de la parabole, symétriquement par rapport à la position du satellite (les signaux rebondissent sur la parabole !) Ainsi, si le second satellite recherché se trouve à l'est du satellite visé se captera le second en plaçant un LNB à l'ouest de l'axe, en utilisant le même écart.

Dans le cas d'Astra 1 et Hotbird, nous avons un écart de 6.2 degrés. Astra émet des signaux plus forts qu'Hotbird 1. On pointe donc la parabole sur 13 degrés EST (Hotbird 1). Ainsi pointée, la réception d'Astra se fait en plaçant un second LNB à 6.2 degrés côté OUEST de l'axe de visée.

Support 6 degrés Visiosat

Cette mise en œuvre permet, encore une fois, de se passer d'une seconde parabole, et de ne multiplier que les LNBs. Pourtant, cela pose potentiellement quelques problèmes, notamment liés au fait que l'écart de position est faible. Cela induit que les LNB sont positionnés très proche l'un de l'autre sur le bras de déport, et cela peut poser problème si ces LNBs sont volumineux.

C'est ici qu'interviennent les monoblocs.

Ce sont des regroupements de plusieurs LNBs, mis en œuvre dans un boîtier commun, mais en adoptant une disposition précise, comportant un écart défini entre les LNBs. Ainsi, il existe des monoblocs dont l'écart est de 6 degrés, de 3 degrés, etc.

Ces éléments permettent de résoudre le problème de l'encombrement. Comme chacun des deux LNBs embarqués peut également être un TWIN, on peut, avec ces équipements, disposer des 4 sorties autonomes, deux pour chaque satellite.

Attention : il ne s'agit pas de LNB QUATWIN, il s'agit de monoblocs TWIN !

Il existe aussi des mono-block quatwin, mais c'est beaucoup plus rare et beaucoup plus cher. Ces LNBs possèdent 8 sorties autonomes !

Aujourd'hui, on ne trouve plus de simples monoblocs tels que ceux que je viens d'évoquer. Tous les monoblocs intègrent des commutateurs (voir plus loin).

Monobloc Inverto avec commutateur intégré

Monobloc Inverto TWIN à double commutateur intégré

Il faut enfin noter que, si les monoblocs semblent séduisants, ils possèdent aussi un gros défaut, c'est le fait que ce sont des monoblocs !

En effet, pour pouvoir capter au mieux chacun des deux satellites visés, il est souvent nécessaire d'ajuster précisément la contre-polarisation des LNBs. Par ailleurs, l'angle entre les deux satellites, du point de vue du site de réception, dépend justement de ce site. Selon votre position, vous pouvez avoir un angle qui varie entre l'écart théorique maximal (l'écart de position orbitale) et un angle plus petit, notamment si vous vous rapprochez de l'équateur.

Les monoblocs étant des éléments figés, il n'est pas (ou peu) possible d'ajuster précisément les réglages de chaque LNB de façon indépendante. Suivant les cas, l'adoption de plusieurs LNBs autonomes peut être préférable.

4.5.3 Commutateurs

Nous venons de voir comment nous pouvions disposer, sans multiplier par trop les paraboles, de plusieurs câbles, reliés chacun à un LNB, nous permettant de capter à la fois plusieurs satellites, sur plusieurs récepteurs.

Dans un bon nombre d'installation, il n'existe pas plus de deux récepteurs : un pour la télévision, le second pour un magnétoscope, ou encore un second téléviseur. Ces appareils ne reçoivent qu'un seul signal à un instant donné : ils ne pilotent qu'un seul LNB, via l'unique câble que l'on peut leur connecter.
Cela pose problème car il existe différents opérateurs satellites, proposant des programmes différents, et qui émettent sur différents satellites. Comment faire alors, pour recevoir plusieurs bouquets ?

Une solution basique, mais pas très efficace, consiste à installer autant de récepteur que de bouquet à capter. Chaque récepteur possède son propre câble et sa connexion à son propre LNB. Cette solution, bien que fonctionnelle, n'est pas efficace car :

- Cela multiplie les appareils, et donc les connexions internes, voir les locations.

- Cela rend difficile la connexion d'appareils tels que les magnétoscopes, non conçus pour être connectés à plus d'un tuner externe.

- Le diffuseur utilisé en aval n'est généralement pas capable de recevoir plus d'un signal à un instant, et la multiplication des tuners n'apporte rien.

Conscients de cela, les industriels proposent aujourd'hui une autre solution qui repose sur les commutateurs.

Les commutateurs sont de petits appareils que l'on place sur le câble entre le récepteur et les LNBs. Leur rôle est, à partir de signaux de commande reçus du récepteur, de choisir tel ou tel LNB, et pas un autre, et de « placer » ce LNB sur le câble, en déconnectant les autres.

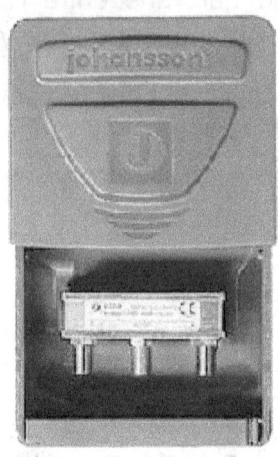

Commutateur de mât Johansson 2 entrées / une sortie

Avec de tels accessoires, il devient possible de n'utiliser qu'un câble de réception pour accéder à deux satellites différents, en alternance. On peut ainsi choisir à un instant de capter Astra 1, puis plus tard, de capter Hotbird 1. Dans un tel cas, le commutateur est physiquement relié aux deux LNBs, un pour chaque satellite à capter, et décide à tout moment quel est le satellite capté par le récepteur, en fonction des ordres reçus de ce dernier.

En utilisant de tels équipements, il devient possible de recevoir plusieurs bouquets, présents sur différents satellites, sur un seul et même appareil. En contre partie, il n'est plus possible de recevoir simultanément plusieurs programmes.

C'est ici que les monoblocs TWIN prennent tout leur intérêt : si l'on dispose de deux récepteurs, on a besoin de tirer que deux câbles, un par récepteur. On utilise alors un monobloc TWIN, et deux commutateurs. Chaque commutateur reçoit en entrée les signaux de chacun des deux satellites visés. En fonction des commandes en provenance du récepteur, le commutateur met à disposition le bon signal, et donc le bon satellite, sur l'unique câble de liaison qui le relie au récepteur. Ces derniers sont donc totalement indépendants.

Ce type d'installation est devenue très fréquence à tel point que les fameux monoblocs TWIN ont disparu pour laisser place uniquement aux monoblocs à commutateurs intégrés ! Ces monoblocs TWIN sont reconnaissables au fait qu'ils ne possèdent que deux sorties (et pas quatre). Ces deux sorties sont destinées à deux récepteurs pilotant les commutateurs. Cela permet de réduire encore plus le nombre d'équipements à mettre en œuvre, et donc le coût de l'installation. Comme le nombre d'appareil peut être plus important encore que cela, on trouve aussi des monoblocs QUATWIN à commutateurs intégrés (4 commutateurs, 4 sorties autonomes) voir même des HUITWIN !

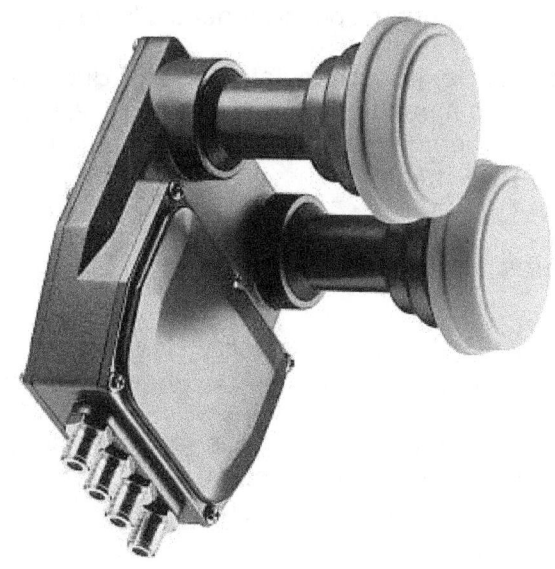

Monobloc Inverto QUATWIN à 4 commutateurs intégrés

4.5.4 Tone burst et DiSEqC

Pour choisir tel ou tel satellite, nous avons vu qu'il était nécessaire d'envoyer des commandes au LNB / commutateur. Cela doit pouvoir se faire sans perturber ni les signaux reçus, ni les commandes déjà présentes sur le câble (rappelez-vous, le 13 / 18 volts et le 22 Khz). Pour bien faire, il faut aussi pouvoir envoyer ces commandes sur le même câble, afin d'éviter la multiplication de ces derniers.

Les premiers commutateurs qui sont apparus sur le marché sont dits « Tone Burst ». Cette première génération, toujours disponible et supportée, utilise un signal déjà présent (le 22 Khz) qu'elle modifie substantiellement lorsqu'une commutation est nécessaire. En modulant la forme réelle et l'intensité du signal, on précise au commutateur l'entrée à activer, tout en garantissant en permanence la présence de la tonalité de 22 Khz, qui active la réception de la bande haute si nécessaire.

Cette technique fonctionne très bien, mais elle trouve ses limites s'il est nécessaire de piloter plusieurs commutateurs, par exemple pour capter plus de 2 satellites.

Partant de ce constant, un autre système de pilotage, numérique celui-là, est apparu plus récemment : le DiSEqC.

Cette norme définie un mode de pilotage complexe des équipements satellites extérieurs, reposant sur l'envoi de séquences de nombres encodées sur le câble. Cela permet théoriquement une infinité de commandes.

La norme DiSEqC existe en plusieurs définitions, chacune ayant apporté son lot d'améliorations. Aujourd'hui, nous en sommes à la version 2.0, mais les équipements les plus répandus sont en DiSEqC 1.1 et 1.2.
Pour mémoire, le pilotage des moteurs est possible depuis la version 1.2.

Depuis l'apparition de cette norme, les commutateurs Tone Burst se sont vu souvent appelés mini-DiSEqC, mais il faut bien comprendre que cela n'a rien à voir avec le DiSEqC lui-même. Il faut aussi noter que beaucoup de commutateurs DiSEqC supportent aussi, pour compatibilité ascendante, la commutation Tone Burst.

4.5.5 Les paraboles multi-satellites

Avec le développement des bouquets satellite, les besoins en réception ont évolués, notamment celui qui consiste à recevoir deux satellites ou plus.

Les fabricants de matériel proposent aujourd'hui des réponses adaptées à ce problème : des paraboles spécifiquement conçues pour la réception de 2, 3 voir 4 satellites. Visiosat est un acteur majeur dans se domaine, et a ouvert le bal avec fameuse G2, conçue spécifiquement pour la réception de deux satellites.

Ces paraboles possèdent une courbure spéciale, étirée dans le plan horizontal, qui leur permettent non plus focaliser les signaux reçus sur un seul point, mais sur toute une ligne correspondant à l'horizon. Cette propriété permet de conserver un niveau de réception élevé sur une large ouverture angulaire, et pas seulement sur un axe de visée. Il devient ainsi possible de capter jusqu'à 4 satellites différents, avec un bon niveau, sur une parabole qui ne dépasse pas 85 cm.
Auparavant, 75 centimètres étaient un minimum pour la réception simultanée d'Astra 1 et Hotbird 1, et ces satellites ne sont distants que de 6 degrés environ. Avec les derniers évolutions des paraboles multi-satellites, telle la Visiosat G4, il devient possible de capter simultanément, des satellites distants de plus de 15 degrés ! Ainsi, la G4 permet de capter Hotbird 1 (13 ° EST), Astra 1 (19.2 ° EST) mais aussi Astra 2 (28.2 ° EST) !

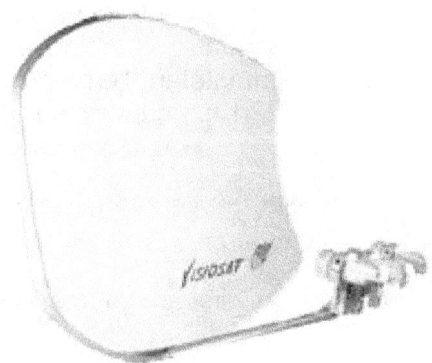

Parabole Visiosat G4

Dans de telles conditions, le rendement de ces paraboles est très largement supérieur à celui de paraboles conventionnelles, qui se révèlent par ailleurs incapables de capter des satellites aussi éloignés.

Ajoutons que compte tenu de leur qualité de fabrication, et la nature des matériaux employés (fibres), la série Gx est hautement recommandable, et est un facteur de réussite important d'une bonne installation.

Pourquoi ?

Et bien maintenant que nous savons tout ou presque sur la réception satellite, voyons comment mettre tout cela en œuvre. Cela va nous donner l'occasion de parler de choix de matériel…

5 Choisir les éléments de son installation

Vous vous êtes probablement posé la question, au moment de vous équiper : que choisir ?

En dehors du récepteur, donc nous ne parlons pas ici, toute installation comporte au minimum 3 éléments : une parabole, un LNB et…du câble ! Nous allons voir quels sont les facteurs déterminants dans le choix de chacun de ces éléments, car c'est de ce choix que dépendra la qualité de l'installation finale.

5.1 Choisir une parabole

La parabole, si elle est en apparence très simple, constitue le premier motif de mauvaise réception dans les installations.

Il existe principalement 3 matériaux utilisés dans la fabrication des paraboles :

L'acier, l'aluminium, et les matériaux à base de fibres (ou matériaux composites, SMC).

Les paraboles en acier sont les moins chers. Ce sont de « simples » disques de métal qui ont été emboutis pour obtenir la forme recherchée. Une couche de peinture spéciale protège le métal, tout en garantissant un taux de réflexion élevé pour les fréquences correspondant à la bande Ku.

Moyennement lourdes, ces paraboles sont relativement fragiles : le moindre choc peut provoquer un voile du disque, qui ne répond alors plus aux exigences de précision requises. Il faut donc être prudent dans la manipulation de ces paraboles, notamment lors du transport et de la mise en œuvre. Comme tous les métaux ferreux, la parabole acier subit les outrages du temps, et rouille. Ce phénomène dépend bien sur de la qualité des peintures mises en œuvre, mais, à terme, c'est inévitable.

La rouille vient perturber la réflexion des signaux et, progressivement, rend la parabole inutilisable. Ces paraboles ont donc une durée de vie relativement courte.

Parabole Visiosat acier 75 cm

Les paraboles en aluminium sont conçues sur le même principe que celles en acier mais, de par le matériau employé, subissent peu ou pas les dégradations par la rouille, et sont moins sujettes au voilage en cas de choc. Elles sont par ailleurs plus légères, mais aussi plus chers.

Les paraboles en fibre SMC représentent le meilleur compromis. Plus chers que les autres, elles possèdent aussi le plus grand nombre de qualités, ce qui compense leur prix.

Techniquement elles sont constituées en intégrant une sorte de grillage (qui joue le rôle de réflecteur) dans un sandwich de plusieurs couches de résine de fibres de verres. Colorées dans la masse, elle ne subissent absolument pas les outrages du temps (pas de rouille possible) et sont disponibles dans différentes finitions, parfois même (presque) transparentes.
Leur rendement est pratiquement invariable dans le temps, puisqu'elles ne s'altèrent pas. De plus, elles ne sont pas sensibles au choc et ne voilent pas.

Parabole Visiosat SMC 90 cm

En contre partie, elles sont parfois assez lourdes (pas tellement plus qu'une parabole acier) et plus chers. Leur fabrication requiert un savoir faire important, et seules les marques réputées de paraboles en produisent : Visiosat, Channel Master, Sedea ...

Le choix de la meilleure parabole dépendra avant tout du budget que vous êtes prêt à y consacrer. Seule la nécessité d'une réception multi-satellites pourra venir influencer ce choix, par exemple pour prendre les modèles tels que les G2 ou G4.

Les budgets alloués par les opérateurs satellites, dans le cadre des opérations « parabole gratuite » ne permettent pas d'accéder à des modèles chers, mais vous pouvez toujours opter pour le remboursement d'une partie du matériel au lieux de la gratuité, et le choix d'un matériel de meilleur qualité.

En quoi est-ce différent ?

Généralement, l'opérateur convient de deux enveloppes budgétaires pour son opération : un budget « équipement gratuit », qui prend en compte les marges des revendeurs, et un budget « remboursement » qui est plus petit car il ne prend pas en compte les marges des revendeurs. Ainsi, à une époque (assez lointaine), on pouvait opter dans une grande enseigne pour une parabole d'un montant allant jusque 500 Frs, gratuite, ou choisir un modèle plus cher, pour en remboursement ne dépassant pas 400 Frs !!!

En ce qui concerne les marques, on trouve un peu de tout. Les « petites » marques ne font que de l'acier. Les marques plus généralistes sont également souvent dans ce cas. Il existe enfin quelques spécialistes de la parabole, dont certains proviennent du monde de l'antenne : Sedea, Optex, Visiosat, Channel Master, Nokia ….

Que choisir ? Les matériels des spécialistes sont généralement supérieurs : mieux fabriqués, ils tiennent aussi mieux dans le temps, mais ce n'est pas une règle absolue (en dehors des paraboles SMC). D'une façon générale, il faut éviter les marques « bizarres » comme celles que l'on trouve dans les grandes surfaces de bricolage…On peut trouver mieux pour le même prix, en allant chez un spécialiste sérieux. Par ailleurs, ces kits incluent souvent tous les éléments, mais ce sont des éléments de piètre qualité, et le résultat final s'en ressentira.

5.2 Choisir un LNB

Vous venez de choisir votre parabole, maintenant passons au LNB.

Quel modèle choisir ? La réponse dépend principalement des satellites que vous souhaitez capter, du nombre de terminaux à raccorder et, bien sur, de votre budget.

Comme pour les paraboles, il y a des fabricants spécialistes du LNB, qui fournissent donc des éléments de bonne qualité. On trouve notamment les purs et durs comme California Amplifier (historiquement une référence) et, plus récemment, Invacom. Sharp a toujours été présent sur ce marché, et propose des produits de bonne facture. Il en va de même pour Thomson, avec notamment sa série Dëus qui a fait une très belle carrière (justifiée) suivie ensuite par la Dëus II, plus adaptée à la réception numérique.

Pour exemple, j'utilisai encore récemment une Deus 1 en réception numérique, déportée de 6 degrés, et je n'ai jamais eu le moindre problème en 8 ans. J'en ai installé plusieurs sur différents système, jamais une panne ou un problème quelconque.

LNB Thomson DEUS version 1

Plus récemment, j'ai installé une INVACOM, qui marche également très bien. Celle ci vient en remplacement d'un LNB Full Bande California Amplifier, qui marchait encore impeccablement après 8 ans, mais n'était pas pilotable par ma DreamBox (polariseur mécanique...)

LNB Invacom

Comme évoqués ci-dessus, le choix d'un LNB dépend surtout de ce que l'on souhaite capter. Pour capter un seul satellite, on prendra un LNB universel tel que celui ci-dessus, éventuellement en version TWIN pour alimenter plusieurs récepteurs.

Dès que la question de la réception de plusieurs satellites se pose, les monoblocs peuvent prétendre à être choisis. Personnellement, je reste fidèle au choix de plusieurs LNBs couplé via un commutateur, car cela permet d'aligner très finement chaque LNB avec le satellite visé, et de corriger précisément la contre-polarisation. Rien d'étonnant d'ailleurs que, sur les paraboles conçus pour la réception multi-satellites, on trouve fourni en standard des LNBs autonomes !

Bien sur, si le budget ne le permet pas, un monoblocs de bonne qualité fera également l'affaire, mais il ne faut pas oublier que le prix de ces équipements reste modeste, et qu'ils vont devoir passer des années sur votre toit ! Ce serai dommage, pour quelques euros d'économie, de ne plus rien capter dès qu'il fait un peu trop humide, ou de devoir changer le LNB après un ou deux ans seulement...

5.3 Choisir le câble

Cela vous semble fous de parler de choix de câble ?

Cela ne l'est pas tant que ça. Il faut en effet savoir que les signaux issus du LNB sont très fragiles, et que leur transport jusqu'au récepteur doit se faire dans de bonnes conditions, faute de quoi le signal sera trop perturbé pour permettre une réception de qualité.

La première règle à noter, c'est que le câble coaxial utilisé en réception satellite fait **7 mm** de diamètre. ATTENTION : ce n'est pas le même diamètre que le câble couramment utilisé en réception hertzienne, qui mesure 6.8 mm de diamètres !

Vous me direz que ce ne sont pas deux dixièmes de millimètres qui vont faire la différence ! Et bien si, justement !

En effet, les fiches F, qui servent a relier les appareils au câble, sont directement vissées sur le câble. Elles possèdent donc un diamètre très précis de 7 mm, et si vous utilisez du câble de 6.8 mm, les fiches ne tiennent pas ! SI elles ne tiennent pas, alors les contacts ne sont pas bons, et le signal, au mieux sera largement perturbé, au pire ne passera simplement pas !

Seconde règle à noter : le câble coaxial doit posséder un **double blindage**. Il faut exclure les câbles qui ne possèdent qu'une simple tresse de blindage (fils se croisant pour former une sorte de filet autour de l'âme centrale). La présence d'un feuillard de blindage est indispensable.

Il faut savoir que le câble à simple blindage est souvent utilisé en réception hertzienne, pour de courtes distances, par exemple pour relier un téléviseur à la prise murale. Si l'on vous vend ce type de câble, il s'agit aussi probablement d'un câble de 6.8 mm.

Chez un spécialiste, vous n'aurez pas de problème, mais dans les grandes surfaces de bricolage, il faut être prudent sur ces deux points.

Dès lors que le câble fait bien 7 mm, et possède un double blindage à feuillard, il n'y aura pas de problème, sous réserve que la mise en oeuvre soit bien réalisée.

Dernier détail : les manchons de protection.

Ces éléments servent à couvrir la connectique (fiche F) à l'extérieur, pour la protéger de l'humidité. Il en existe principalement deux sortes : les simples embouts en caoutchouc, que l'on enfonce sur le câble et la fiche F, et les embouts en plastiques comportant une sorte de gélatine grasse, collante, à base de silicone. Ces derniers sont à préférer, car en les refermant sur la fiche F, la gélatine déborde du manchon, et vient se plaquer sur le LNB en assurant une étanchéité totale, à tous les niveaux. Les manchons en caoutchouc n'ont pas cette propriété et protègent donc moins bien. Pour environ 1 € le manchon, ça ne vaut pas le coup de se proiver d'une protection efficace !

Tous les logos et les marques cités sont les propriétés respectives de leurs auteurs.
Visitez notre site : http://www.sandbox-team.be

6 Conclusion

L'objet de ce document était de vous familiariser avec les principales notions liées à la réception par satellite. Vous devriez maintenant être en mesure de comprendre d'une part quelles sont les contraintes liées à l'acquisition de tel ou tel matériel et, d'autre part, comment les différents matériels doivent être mis en oeuvre pour obtenir un bon résultat.

De nombreuses FAQs et sites Internet traitent de l'installation de telle ou telle solution. N'hésitez pas à les consulter avant de vous lancer, histoire d'affiner les détails liés à l'installation. Vous trouverez notamment sur le site de l'équipe une FAQ complète traitant de la mise en oeuvre d'une parabole motorisée.

Enfin, en cas de doute, rappelez-vous qu'il existe toujours quelqu'un, sur le forum de la Sandbox-Team, prêt à vous filer un coup de main, si vous le demandez gentiment ;o)

www.ingramcontent.com/pod-product-compliance
Lightning Source LLC
Chambersburg PA
CBHW080818220526
45466CB00011BB/3601